喵星人木工DIY小日子

居家雜貨 ╳ 貓周邊　一學就會的手感練習

 麥子老師 姜治榮——著

Contents

Start

動手前要先懂的木工知識

Lesson 1

慢刻手作貓雜貨

Lesson 2

歡迎光臨貓咪小木樂園

Lesson 3

收納每一刻的精彩

Lesson 4

喵星人木工小創意

特別附錄

從第一片木板開始，

啟動零失敗的療癒心旅。

就像小時候玩的積木堆疊遊戲一樣，

切割、拼裝、組合，

收服那些剛硬銳利的狠角色，

在原木的香氣繚繞中，

找回早已遺忘的童年樂趣！

動 手 前 要 先 懂 的 木 工 知 識

01 / 木材應如何取得？

　　木素材經常用於各種傢具之中，樹木本身源於自然，想要從事木工手作的人，只要多所留意，就不難發現木材的取得途徑十分多元，除了舊的木傢具再利用、自然撿拾的漂流木、或是廢棄傢具中撿拾，都可以找到自己需要的原料，其次便是直接購買，通常可在手作工藝行或 DIY 賣場即能購得，或是透過網路、社群詢問。

　　值得注意的是，不同的木料將影響成品的堅固性，各種木質的軟硬也不盡相同，若是過於老舊廢棄原料，一下刀就有碎裂的可能，除非想做出具有創意、藝術性的作品，若是實用性質物品，則並非所有木材都符合所需。針對木工手作初學者而言，建議還是在裝潢建材行中選購，小東西的 DIY 則可選擇原木集成材。

⌐| 木材種類

　　對於初學者來說，選用紋路清晰、無毒自然的實木原料，優於已加工過的木夾板，而實木依不同產地及不同經濟價值，又有多種種類，建議選擇帶有漂亮紋路，且價格經濟親民的松木像是南方松等，最適於初學者。

⌐| 木紋橫直分別

　　木頭的天然紋理擁有最渾然天成的美感，然而木紋除了欣賞價值外，從木材的紋路走向中可以看出所使用的木材源於橫剖木，或是直切木。而木材切法與成品結構有相當重要的關係，特別是較大型且具承載機能的作品，如木椅椅板、木層架等，在進行手工木作時，需特別注意木紋走向。橫紋因有橫向支撐，上下能承載較大壓力，但對於左右承載相對較小，一旦左右擠壓，就可能有碎裂的可能；相對來說直紋上下承載力較弱，若上部承載過重就可能沿著紋路出現裂縫。

02 / 測量的工具

　　木工測量的工具最主要有捲尺、三角尺及 90 度直角尺，捲尺適用於大型素材的測量且材質較軟易於攜帶。三角尺與直角尺不僅適用於測量、描線，亦能取得精準的角度，硬尺的邊緣最好避免破損，才能描出完美的直線。

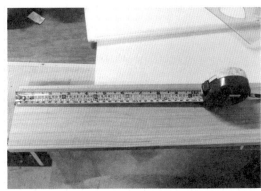

▲捲尺使用時一定要以前端 L 鉤勾住木板邊緣，才能量出準確的尺寸。

▲直角尺畫平行線時，務必要將尺的另一邊垂放貼緊木板邊緣，畫出來的線才會正確。

03 / 裁切工具們

⊓│ 旋轉鋸

擁有細長刀刃，適用於需要旋轉切出弧形線條時適用，也可鋸出直線。

⊓│ 折疊鋸

裁切木材最基本的工具，只要掌握來回拉鋸的節奏，就能鋸出筆直的線條。

⊓│ 木工鋸

刀型輕薄，能進行細部的切割，切榫、鳩尾榫時必須使用的工具。

⊓│ 美工刀

做簡單切割、刻劃作記時使用。

⊓│ 手提線鋸

不論弧形或直線線條的裁切，手提線鋸都能輕快裁出想要的效果，但屬高轉速的電動器具，使用時需握緊握穩。

線鋸刀刃有窄、寬的替換，窄版適於鋸出小波浪的弧度，寬版則適用於直線或略曲的大型波浪。

▟｜木槌與鑿刀

雕刻時用於鑿洞時的手動工具，木材質較軟，搥打時較不傷表面。鐵鎚力道較猛，較常用配合各種鐵釘使用。

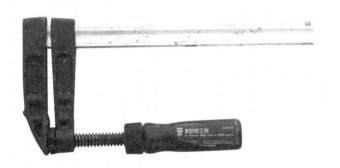

▟｜木工夾

在作裁切時，需要木工夾固定木板，施力時才能更加安全，也可以更省力。

▟｜輔助器

用於橫切長條木板時，不需角尺畫線測量，即能針對需要精準切出斜角、直角。

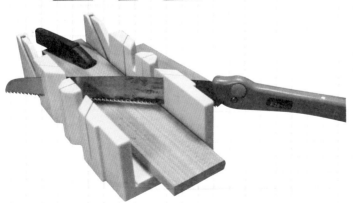

怎麼裁切直線與弧線呢？

　　在木板上作任何切割動作，首先得固定木板，使用木工來與桌面作固定，也可在切割木板下方再墊一層木板，施力可以更穩固。裁切前務必以鉛筆點描要裁切的位置與大小，訂出起始下刀位置。直線的切法力道要穩，以手動鋸子來說，可藉角度器的使用精準切出直線與角度線；電動線鋸可靠直木板切出直線。弧線裁切講求下刀順序和動作的流暢，多練習幾次自然能找到自己的手感。

運用切割輔具能切出平直線和角度線。

電動線鋸使用時可靠直木板能快速切出直線。

弧線的裁法方法

Start 1

以貓頭為例，我們先在木板上畫好輪廓圖，在耳朵位置用鉛筆點出下刀位置。

Start 2

用電鑽鑽出小孔洞。（孔洞需能容納線鋸鋸片的大小）

Start 3

將線鋸鋸片深入洞內順著邊緣鋸下。

圓形裁切順序

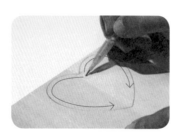

心形裁切順序

04 / 修飾好夥伴

⌐| 木工剉刀

如指甲剉刀一般，用於最初步的邊緣修飾，讓粗糙不均的表面平順不傷手。

⌐| 砂紙

砂紙背面標示數字愈大則愈細，如 150#、220#、400#、600#，代表的是每一平方公分所含的顆粒數量，換句話說愈小則愈粗。通常進行木工時，會以數字小的先行粗磨，再以數字大的細磨。

⌐| 手動打磨機

針對人體工學研發較為好握及出力的打磨器，使用時要與紋路平行來回削磨，才能快速使表面光滑。

⌐| 電動打磨機

針對較大面積的磨細，使用電動式磨砂機能快速磨順。

⌐| 刻磨機

用於各種複雜的拋光研磨，是理想的磨刺、去毛刺、磨石及磨光作業的好幫手。

⊐ | 修邊機

也稱為倒角機、剞刨機,可修飾多餘的木邊,也能製作出各式木雕線條,也適用於挖溝槽。一般機型為 1 分鐘 30,000 轉,馬力並不算大,所以通常用於比較薄的夾板或是比較淺的造型邊上,搭配不同的刀頭,可以修出各種造型邊。

修邊機不同的鋸刀頭擁有不同的修邊效果,常見的幾種形狀如下:

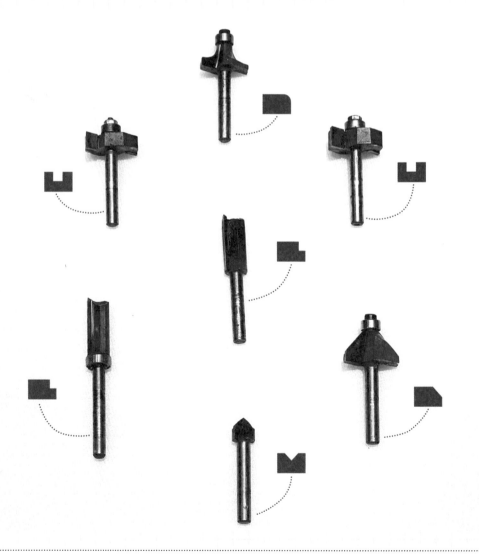

05 / 木片組裝必備器具

⌐| 充電式螺絲起子

電動功能讓鎖螺絲相對輕鬆、省
力而快速,通常起子頭有一字型、
十字型替換使用,不僅木工需要,
也是一般家庭中不可或缺的小工
具。

⌐| 電鑽

可配合各種大小的鑽頭,使用時
需注意安全。

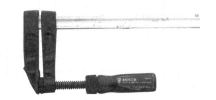

⌐| 木工夾

也稱為 C 型夾,在進行裁切或鑽
洞時,用來固定木板,特別在進行
電動工具的操作時可以更加安全。

⌐| 快速夾

與木工夾的功能相同,只是其彈
簧設計更能快速固定,進行簡單木
作時特別適合。

⌐| 固定工具

通常有木工膠、樹脂、膠帶、橡
皮筋等,在操作器具時,透過工具
能讓木板固定,減少使用危險。

Exercise 鑽洞 & 螺絲基本功

要將木板與木板作接合組裝時，通常有黏合、釘入鐵釘、鎖螺絲三種方式，其中黏合較適用於承載力不高的物件上，像是桌上小收納盒等，但得需耐心等待木工膠乾透，釘入鐵釘過程快速且牢固，只是易造成木面損傷。而鎖螺絲因以螺絲釘旋入方式固定最為穩固，適用於大型傢具製作，但工序也最為複雜。

EX1. 當兩片木板 L 型接合 - 以木釘方式示範

Start 1
用木工膠或南寶樹脂固定。

Start 2
L 型接合前，透過直角器可確認是否 90 度直角，木工夾或快速夾則用來固定木板。

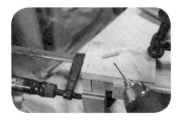

Start 3
先以鉛筆定出位置，再以電鑽鑽出小導孔。

Start 4
對準導孔以電鑽再行鑽進完成打洞。大電鑽要控制鑽進的深度，可先以膠帶在鑽尾上標示。

Start 5
完成鑽洞後清除多餘木屑，在洞內塗入木工膠。

Start 6
以木槌敲入木工釘

Start 7
以手鋸修掉多出的木工釘與之切齊。

Start 8
再以砂紙將木工釘處磨至平滑，即完成打入木工釘過程。

EX2. 當兩片木板進行 L 型接合 - 以鎖螺絲方式示範

1. 比照打木工釘 1、2、3、4 步驟
2. 鎖螺絲 1→鎖入螺絲釘至牢固
3. 鎖螺絲 2→填入木塞
4. 鎖螺絲 3→用木槌敲平木塞
5. 鎖螺絲 4→同樣用砂紙磨平木板表面，即完成鎖螺絲接合。

EX3. 當兩片木板重疊接合 - 以釘入鐵釘方式示範

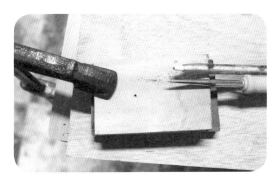

Start 1
先標示釘入位置，再以針筆鑽出小孔，同時用木工夾將兩片木板連同桌子一起固定。

Start 2
用鉗子夾住鐵釘瞄準剛剛下的釘孔位置。

Start 3
用鐵槌將鐵釘敲入即完成。

06 / 塗裝上色工具

　任何木製品完成後都需要上塗料保護，塗料不僅豐富了作品的色彩，對木材來說，也有防潮、防蟲的功能，也能延長木材使用壽命。因此不論是木材傢具或是木製工藝品，都建議能塗裝上漆。而市面上塗料種類繁多，從事木工手作者，建議選購包裝強調「木材專用」的塗料，以免用錯了產品反傷木材本質。比起一般的油性漆，水性漆則是較環保、對人體傷害較小的選擇。

　如果不想改變木料原色，則可使用環保透明保護基底的護木漆，不僅不改變色澤，也不會阻礙木頭毛孔呼吸，同樣有抗污、防潮的特性對木材質表面有更好的防護。

⌸ | 羊毛刷
扁型刷毛適用於較大面積的塗佈，搭配水性漆最能刷出細緻的色彩。

⌸ | 畫筆
用於小物件或是角落處的塗刷上色時適用。

木材上色步驟：

1. 先清潔漆面
2. 用毛刷沾取塗料順著木紋輕刷
3. 乾了之後用砂紙打磨掉表面粗糙的部分，讓表面平滑
4. 再上一層塗料
5. 乾了之後再上一層透明護木漆
6. 護木漆保護木頭也讓表面更為平滑預防受潮

TIPS

天然木材表面本身具有毛隙孔，塗料第一次覆蓋時，大小不一的毛隙孔在吸收過程中，會使色澤呈現濃淡不均的現象，表面也會因毛孔張力作用變得更為粗糙，一定要將表面以砂紙手工磨過一次，再重新上色，或反覆動作直到色彩均勻為止。

07 / 零件與配件

▄█ | 木釘、木塞、鐵釘、螺絲釘

除了木工膠黏合之外，透過木釘、鐵釘、螺絲釘等零件接合，承載力將更為牢固。

木釘
操作時將木孔內加入木工膠，就能
更為牢固，且較不易有鏽蝕問題。

木塞
使用螺絲釘釘入後，用木塞蓋住圓
孔，讓木板表面更為完美。

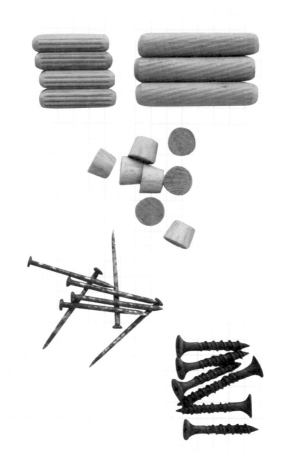

鐵釘
能快速固定，但操作時需注意安全
性。

螺絲釘
以螺旋方式鎖入，更為牢固。

▄█ | 木工鑽尾、銅珠刀、圓穴鑽

用來鑽孔的工具，配合木塞尺寸而有各
種大小的的鑽尾，亦有鑽出較大孔洞的圓
穴鑽。

螺絲起子

鎖螺絲時使用，在木工操作時經常使用的工具。

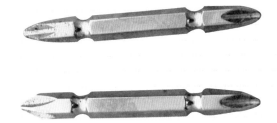

線鋸刀片

線鋸機使用，有刀鋒粗細之分，粗的用來裁切較厚大塊的木頭，細的較靈活使用切出多樣化的形狀。

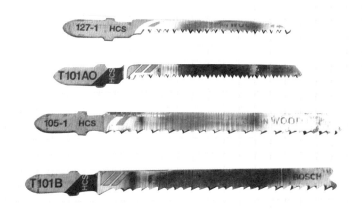

活頁

金屬材質，用來作開闔使用的五金配件，櫃門使用的通常較小型，且有不同外型花色可挑選，大門使用的較大型且承載力較強。

08 / Q&A

Q1. 在接合木材、使用電鑽鑽木板時，常容易不小
心使木材碎裂，該如何避免？

A：先用木工夾固定要結合的木材，在使用電鑽鑽洞前，可先在應鑽洞的地方，選擇較細的鑽
尾，先鑽出適當深度的導孔，再進行一般鎖螺絲程序，即可避免一開始電鑽施力過於強烈使邊
緣木材裂開破損的情形。

Q2. 使用電鑽鑽洞時，常造成木材表面的碎裂缺角，
怎樣才能鑽出平滑的洞口？

A：使用電動機具有時過快的轉速下，施力容
易不穩造成邊角破損，因此固定好位置避免移
位是關鍵，使用電鑽時，可在木片下方多墊一
塊木板，甚至與工作檯一同固定，就能預防移
位的可能。

Q3. 製作需要開闔功能的門片時,如何以活頁固定?

A:以下是活頁接合的步驟:

Start 1

木板與木板中間先留一張砂紙頁的間隙,再使用活頁進行接合操作。

Start 2

先用鉛筆點描活頁接合點,再用針筆刺出孔洞。

Start 3

取細的鑽尾鑽出螺絲孔。

Start 4

用電動螺絲起子將螺絲釘依1、2、3、4順序鎖入。

Start 5

完成活頁製作

Q4. 進行木工時，需要的木板有些小破損（如右圖），該如何進行修補？

A：以下是小破損修補的步驟：

木屑

木工膠

Start 1

收集一些木屑，加入木工膠，約 2:1 的比例混合木屑

Start 2

製作好的混合木屑搓成小坨補入缺損孔洞中。

Start 3

將表面刮平，放至 3~4 小時待乾。

Start 4

用砂紙磨平表面，即完成修補工作。

Q5. 使用砂紙有時愈磨愈粗，有什麼方法？

A：
順著木的紋路磨，就能快速磨出平滑的表面。

有孔洞的地方，可以將砂紙用圓筒棒捲上，就能較細緻地磨細孔洞裡的表面。

09 / 就開始自己的手作設計吧！

俗話說，萬事起頭難！想要手作一件屬於自己的木工作品，可不能想想而已，實際體驗前得先徹底確實掌屋實品的細節，包括尺寸、曲線、斜線等，特別是有造型的作品，需要先將想做的實品輪廓清楚的繪於白紙上作為紙模，裁剪出實體原吋大小的「紙體」後，則可藉著紙體進一步描繪於木板上，如此照著「腳本」來，動刀也較不容易失敗。

Start 1
將繪好的紙模依需要放大比例列印，或自行把想做的作品輪廓以原尺寸大小繪出。

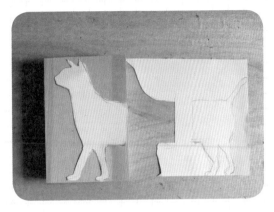

Start 2
將紙模輪廓剪裁好，以膠水固定於木板上方。

Start 3
沿著紙模切割邊緣。

Start 4
完成切割後再撕除紙模，邊緣處以磨砂紙粗磨至表面平滑就完成了。

細細留住貓咪的輪廓，
方寸之間，體驗木紋的手感溫度。

在紙上繪好輪廓線，
撿選好適宜的原塊素材，
這堂課裡沒有太多技術面的功夫，
幾個步驟就能讓生活中帶有更多木頭香氣，
其實手作木工沒有你想的那麼難！

慢刻手作貓雜貨

01 喵喵杯墊

Coffee, Tea or me ?

✏ 立體透視圖　　🪚 素材 & 尺寸

10×10×1.3cm　4 片

HOW TO MAKE

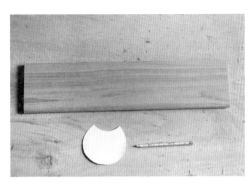

1 以白紙裁剪出想要的杯墊原寸大小。

2 依紙模將輪廓線描於木板上。

3 以線鋸機依序裁切步驟 2 畫好的貓臉線條。

4 邊緣以木工剉刀粗磨,再用砂紙細磨,磨至光滑即完成。

TIPS

選擇不同木紋、木色的素材,可讓喵喵杯墊更具特色喔!

完成尺寸 | 10cm x 8cm

所需工具 | 線鋸機、木工剉刀、砂紙、木工膠

* 實際尺寸紙樣請見 110 頁

02　貓砧板

廚房裡的小貓影

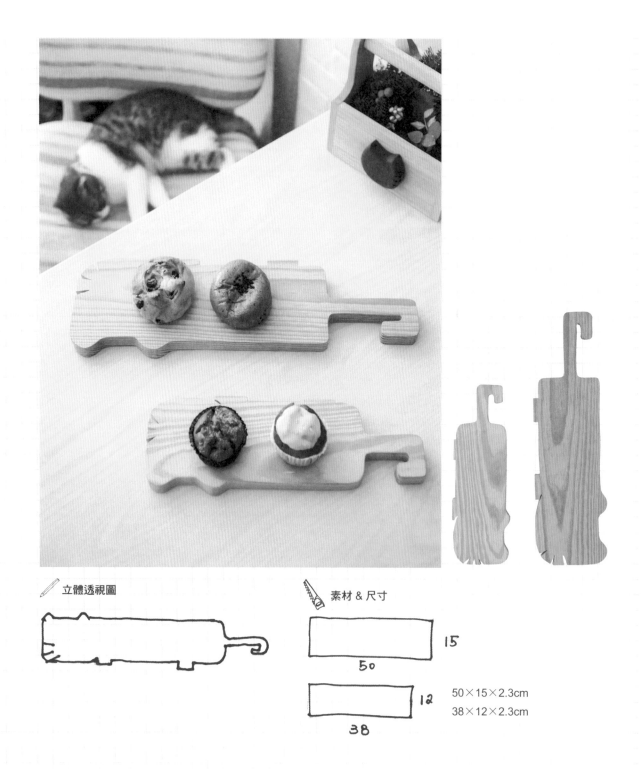

✏️ 立體透視圖

🪚 素材 & 尺寸

15
50

12
38

50×15×2.3cm
38×12×2.3cm

HOW TO MAKE

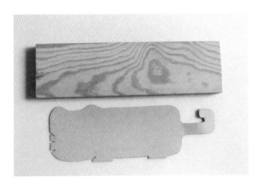

1　做好原寸大小的紙模。

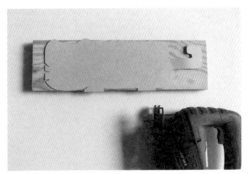

2　以鉛筆線條將輪廓描於木板上。

3　用線鋸機沿著鉛筆線條裁去不需要的部
　　份。

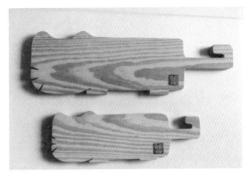

4　邊緣以木工剉刀粗磨，再用砂紙細磨，磨
　　至光滑即完成。

TIPS

曲度較大的地方如尾
巴，可先將週邊木料
切掉，再細細裁出尾
巴線條。

完成尺寸｜50×15cm、38×12cm 兩款

所需工具｜線鋸機、木工剉刀、砂紙、木工膠

03　手機面板架

貓臉方方好滑機

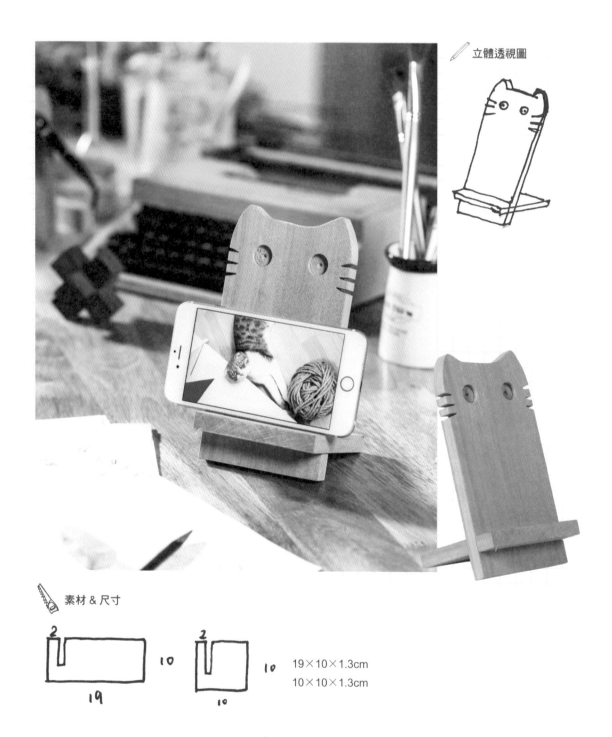

立體透視圖

素材＆尺寸

19×10×1.3cm
10×10×1.3cm

HOW TO MAKE

1 做好原寸大小的紙模，以鉛筆線條將輪廓線描於木板上。

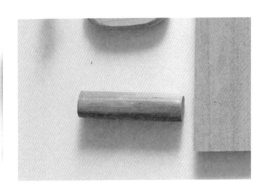

2 準備圓穴鑽，在卡榫的底部鑽出圓洞。

3 再以線鋸機切出兩邊，完成卡榫接合面。另一片同樣步驟進行。

4 用線鋸機依線條裁出輪廓，用圓穴鑽壓出貓咪眼睛，邊緣砂紙細磨即完成。

 TIPS

兩片木板榫接處盡可能磨至平滑，尺寸稍有不同就難以卡進囉！

完成尺寸｜19×10cm

所需工具｜線鋸機、木工刳刀、砂紙、木工膠、圓穴鑽

＊實際尺寸紙樣請見 111 頁

04　桌上收納層架

臘腸貓貓和你一起工作

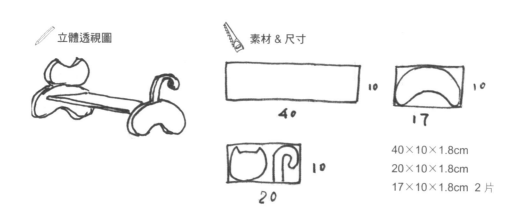

✏ 立體透視圖　　　🪚 素材＆尺寸

40

10

17

10

20

10

40×10×1.8cm
20×10×1.8cm
17×10×1.8cm 2片

HOW TO MAKE

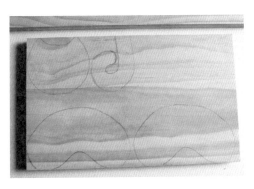

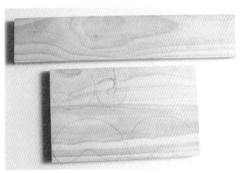

1　做好原寸大小的紙模，把頭、尾、腳的部分描於木板上。

2　依建議的長寬切出方型貓身。

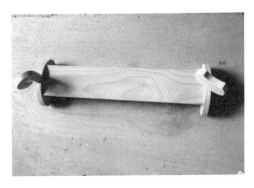

3　用線鋸機依線條裁出頭、尾、腳的部分。

4　每片木板邊緣磨至光滑，再進行組裝，以木工膠接上頭、尾、腳的部分即完成。

完成尺寸｜40×20cm

所需工具｜線鋸機、木工剉刀、砂紙、木工膠、木工夾

* 實際尺寸紙樣請見 113 頁

 TIPS

貓身的部分可以依需要變更長短喔！

05　貓托盤

恭恭敬敬把好吃端上桌

🖊 立體透視圖

🪚 素材 & 尺寸

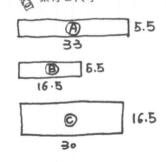

（A）33×5.5×1.3cm　2 片
（B）16.5×5.5×1.3cm　2 片
（C）30×16.5×1.3cm

HOW TO MAKE

1　依建議的長寬切出所需要的5片木板。

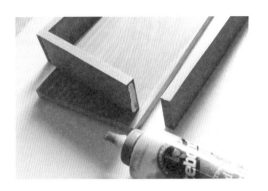

2　木板與木板間以木工膠接合。

3　使用木工夾在左、中、右三處固定後放置
　　直至木工膠完全乾透為止（約12小時至1
　　天）。

4　參考P30杯墊製作方式作出小貓把手，再
　　以木工膠將把手固定於托盤兩端。乾透後
　　即完成。

完成尺寸│33×16.5×1.3cm

所需工具│線鋸機、木工剒刀、砂紙、木工膠、木工夾

* 小貓柄實際尺寸紙樣請見 112 頁

TIPS

製作盒類物品時，銜
接面需百分百的密
合，可使用角度器輔
助切出直角。

06 眼鏡手機架

桌上的貓咪好朋友

立體透視圖

素材 & 尺寸

17×10×1.3 cm
10×4×1.3 cm 2 片
7×4×1.3 cm

HOW TO MAKE

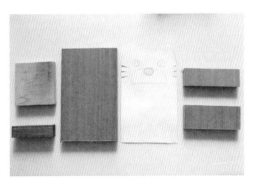

1 做好主體木板貓咪形狀的紙模，並依尺寸備好 5 塊木板材。

2 將方型木板四角以線鋸機削至橢圓，邊緣處倒角磨至平滑，用線鋸機於下方切出溝槽。

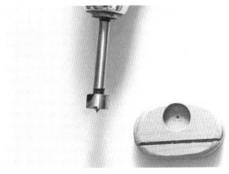

3 先以鉛筆描點鼻子位置，再鑽出鼻子凹槽。

4 以圓穴鑽鑽出鼻型，將邊緣以砂紙磨出平滑圓弧度，完成口鼻的製作。

 TIPS

先畫好口鼻輪廓，再使用刻磨機能更快速磨出想要的橢圓形狀喔！

完成尺寸 | 17×10×4 cm

所需工具 | 線鋸機、木工剞刀、砂紙、木工膠、木工夾、圓穴鑽

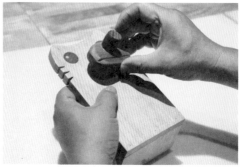

HOW TO MAKE

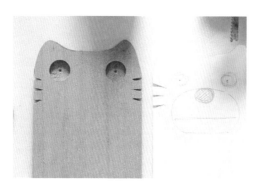

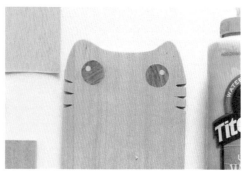

5 　將主體木板的貓形依紙模裁出，再以圓穴鑽鑽出眼睛並切出鬍鬚。

6 　眼睛處上色，以砂紙將整個木板磨至平滑。

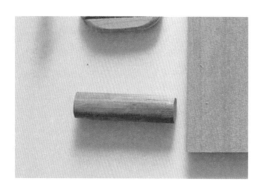

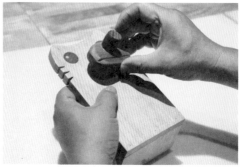

7 　準備木圓棒，先行打磨並上色。

8 　以木工膠接合鼻子，再將整個口鼻與主體貓身接合。

9 　繼續以木工膠 90 度接合背面置放架。待木工膠全乾後作品完成。

 TIPS

所有木片接合後需以木工夾固定，放置約 8 小時待乾後才能解下，避免移位。

07　貓夜燈

Good Night~讓我夜夜守護著你

立體透視圖

 素材＆尺寸

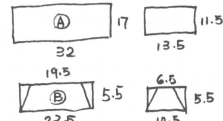

（A）32×17×1.3 cm 2 片　（C）10.5×5.5×1.3 cm 2 片

（B）23.5×5.5×1.3 cm 2 片　（D）13.5 ×11.5×1.3 cm

完成尺寸｜高30×長13.5×寬11.5cm

所需工具｜線鋸機、木工剉刀、木工夾、木工膠、
電動螺絲起子、E12小型燈泡燈座

*貓形木雕紙樣請見114頁

1 依建議的長寬切出所需要的 7 片木板：主體木板 AB、上木條 AB、下木條 AB 及底座木板。

2 取原寸白紙描繪出貓型，並將紙模完全黏合於主體木板 A。

3 先以三點鑽入固定。

4 使用線鋸機依紙模所繪的線條處裁切掉，完成主體木板的造型。

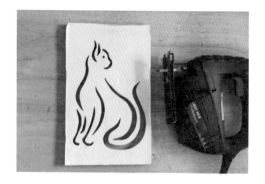

5 準備主體木板 B，重複步驟 2 至 4 的動作。

TIPS

裁切之後縫隙處可以磨砂紙包住細木棍，來回打磨切邊。

HOW TO MAKE

6 取「下木條 A」，兩端塗上木工膠，連接主體木板 A、B，重複動作黏合下木條 B。

7 同樣取「上木條 A」，兩端塗上木工膠，連接主體木板後，重複動作黏合上木條 B。

8 以木工膠將燈座板銜接主體木板，完成夜燈所有架構。

9 用充電式起子鎖燈座內螺絲固定於木板上，完成燈座。

TIPS

在製作上下木條時，使用角度器可精準切出 45、60 度角，能讓木板更完美接合。

08　貓門擋

再大的困難有喵擋！

立體透視圖

素材＆尺寸

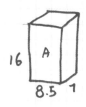

（A）16×8.5×7cm
（B）10×9×1.3cm
（C）10×7×1.3cm
（D）5×3×1.3cm

HOW TO MAKE

1 備好所需的（頭部）木塊 ABCD、（身體）木塊 E、門擋木樁條 F。依紙樣將每塊木板的形狀描繪出來。

2 依描繪好的鉛筆線條，以線鋸裁切出來。

3 頭部木塊 B 先刻出鬍鬚與眼睛，再與 B、A 木塊依 C、B、A 順序黏合，將表面打磨出弧度。

4 取頭部木塊 D，參考手機眼鏡架中的製作方式作出扁圓型貓咪口鼻。

5 口、鼻及貓臉相黏合，完成小貓頭部。

TIPS

用刻磨機可快速將木塊打磨出圓角弧度喔！

6 木塊 E 上端 1/3 處的四角以刻磨機磨圓至看不出折角,作出貓的身體。

7 用線鋸在 E 的正面下方中央處,先以電鑽鑽出孔洞,再以線鋸依尾巴的尺寸把溝槽切出。

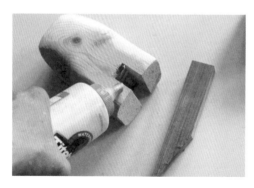

8 取 F 木條作出梯形木樁,將木樁塗上木工膠卡進下方身體形成門擋架。

9 將身體、頭部木塊的接合處正中央,分別鑽出深約 10mm 的孔洞,卡入圓木棒,即完成接合。

TIPS

身體與頭接合後不需上膠,讓小貓頭部可靈活扭轉。

麥子老師與小黑貓的故事

以前在工作室進行各種木工粗活時，常常一工作就是一整天，
幸好總有隻和善的小黑貓在角落陪伴，由於工作時常會用到
大型機具，擔心聲音太大吵到鄰居，也怕粉塵飄出不好打掃，
於是常關起門來工作，小黑貓對於「關門」這件事很有意見，
每次關門就想跑出去，或是吵著想進來，在門邊守著的身影
也令我特別懷念，於是給了我靈感設計這樣的門擋，類似於
真實的貓身尺寸，有時猛然一看，就好像看見了曾經守護我
的小身影。

為心愛的毛寶貝，

親手留存每一刻的真實美好！

小王子：只有把牠馴服後，你才有可能了解牠

可能，我們永遠馴服不了貓咪

但卻能透過親手打造的小小樂園

把屬於喵星人的喜樂

悄 . 悄 . 馴 . 服

歡迎光臨貓咪小木樂園

01　貓斜坡

Grab！小小斜坡，快樂抓抓抓

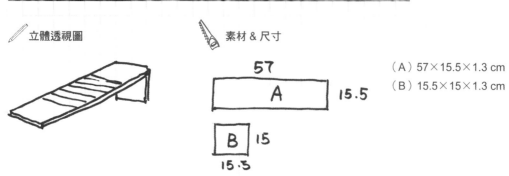

✏ 立體透視圖　　　🪚 素材 & 尺寸

57

A　15.5

（A）57×15.5×1.3 cm
（B）15.5×15×1.3 cm

B　15

15.5

HOW TO MAKE

1　備好長短兩片木板，以及熱熔槍、熱熔膠、麻繩。

2　先製作麻繩板，鎖定木板邊緣 1/4 處鑽孔，塞入麻繩。

3　在即將纏繞麻繩的木板處塗上熱熔膠。

4　讓麻繩穩穩黏著於木板上熱熔膠處，完成第一圈纏繞。

完成尺寸｜長 57× 寬 15cm

所需工具｜線鋸機、木工夾、木工膠、熱熔槍、熱熔膠、麻繩、木釘、木錘、塗料、木工漆

 TIPS

麻繩尾端處纏上一圈膠帶可讓麻繩在孔洞中更不易脫落。

HOW TO MAKE

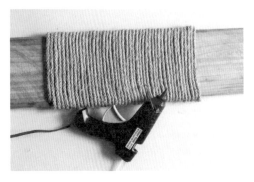

5 同步驟 4，依序每塗一條便纏繞麻繩一圈，纏至木板末端 1/3 處。

6 以木工膠接合木板。

7 待膠乾後，以電鑽在接合處鑽入約 4 公分深的孔洞。

8 打入木釘固定接合處。

9 選擇自己喜歡的塗料色彩，依上色步驟（上色--磨砂--再次上色--磨砂--保護漆）為木材塗上色彩，完成作品。

 TIPS

木釘打入後可將多出的木釘削掉，再以砂紙磨平。

想抓抓…

乍看像是洗衣板的貓斜坡，
有著最剛好的抓抓角度，
喵星人可是難以抵擋的呀～

02　貓貓任意門

進來了就賴著不想走♡

🖊 立體透視圖

🪚 素材 & 尺寸

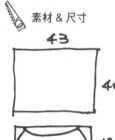

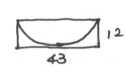

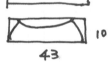

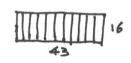

43×40×1.3 cm
43×10×1.3 cm
43×12×1.3 cm
43×16×1.3 cm

HOW TO MAKE

1 以白紙裁剪出底座原寸大小作成紙模。

2 依【貓斜坡】的步驟作出貓抓板的本體。

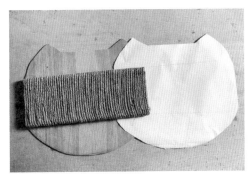

3 在紙模上設定好擺置貓抓板的位置（中間處橫擺），並以紙模輪廓先將實體貓形底座裁出。

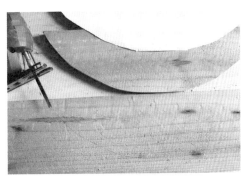

4 另取木板描出底座弧線，切出下方木條。

 TIPS

上下木板接合後，邊緣處再以刻磨機、磨砂紙磨至平滑齊整。

完成尺寸｜高 30 × 長 43 × 寬 40cm

所需工具｜線鋸機、木工夾、木工膠、熱熔槍、熱熔膠、麻繩、棕毛刷、電鑽、塗料、木工漆

5　重覆步驟4，裁切出上方貓耳弧線木條。

6　選將裁切出的上下木條對齊底座，以木工
膠黏合固定。

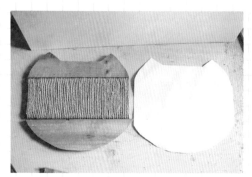

7　比照紙模，將黏合好的木板邊緣修齊。

8　選擇自己喜歡的塗料色彩，依上色步驟
（上色--磨砂--再次上次--磨砂--保護漆）
將木板上色。

TIPS

製作拱門時先量好毛
刷兩端鐵絲的長度，
才能抓出插孔深度，
務必要讓鐵絲全然插
進木孔中喔！

HOW TO MAKE

9 準備好事先買好的清潔毛刷,取下刷毛的部分,另外備妥銜接毛刷的木塊三個。

10 以電鑽在木塊中央鑽出約 1 公分深的孔。

11 把拱門組裝完成。

12 以木工膠將拱門固定於底座,可在銜接處加墊木板強化固定力道,製作完成。

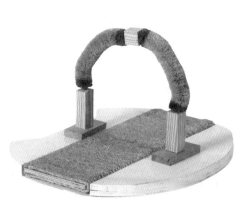

 TIPS

銜接毛刷的木塊可用來彈性調整拱門高度,如果家裡是小小貓,可以將木塊修短,或直接將棕毛刷連接底座喔!

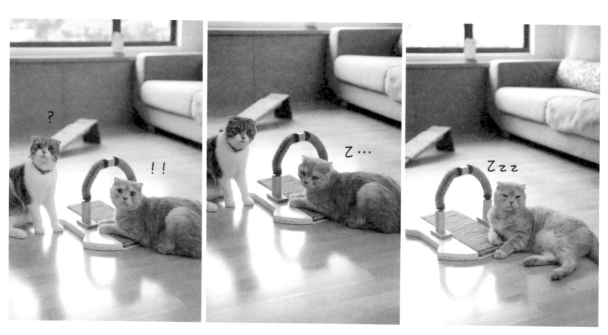

喵星人的愛睏日常～在任意門裡任意睡吧！

獨享任意門的感覺真好～♪

03　三角貓屋

今天就在家裡露營吧！

✏️ 立體透視圖

🪚 素材 & 尺寸

68
36

68
36

68
36

68×36×2 cm　3 片

HOW TO MAKE

1 依尺寸準備三片同樣大小的木板。

2 以鉛筆在木板上描出三塊木板的卡榫位置與長度,用線鋸機依卡榫線切入。

3 如圖切出二道平行木縫。

4 以木錘、鑿刀順著刻線鑿穿木板,即可沿木紋斷開,完成第一條木板卡榫。

5 重覆步驟4依原先鉛筆描線切出所有卡榫木縫。

TIPS

挑選木板時,要順便注意木材的紋路走向,取木紋與長邊平行的木板最佳。

6 三片木板卡榫完成如照片，可先試榫接確定每片都能確實接合。

7 進行塗料的塗布，使用扁平毛刷以白色木工漆將三片木板完全上色。

8 使用 120# 砂紙打磨，可反覆打磨至表面觸感光滑為止。

9 重覆上色，並再一次進行磨砂，塗上透明護木漆，榫接後即完成貓屋製作。

TIPS

依【貓斜坡】的步驟作出貓抓板本體，置於斜面處，也可隨喜好作各式裝置，讓三角貓屋好看好玩。

完成尺寸 | 68×68 cm

所需工具 | 線鋸機、木錘、鑿刀、木工剉刀、砂紙、木工漆

三片木板拼成絕妙好窩，
你想跟我一起睡嗎？

04 造型貓餐桌

就是好吃的開心大平台

立體透視圖

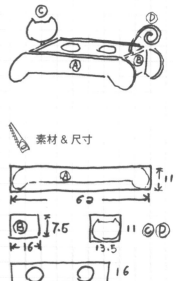

素材 & 尺寸

（A）62×11× 1.3 cm 2 片
（B）16×7.5×1.3 cm 2 片
（C）（D）13.5×11×1.3 cm 2 片
（E）43×16×1cm

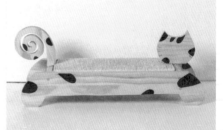

HOW TO MAKE

1 依尺寸準備好ABCD四塊長條木板及貓咪食用碗。

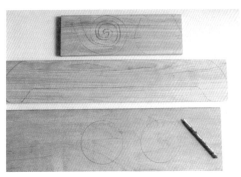

2 參考素材尺寸用鉛筆在木材上點描出線條。

3 以木工夾將木板固定，用線鋸機裁出碗洞。

4 同樣動作，裁出兩側貓咪身體造型。

TIPS

相同骨架，可有貓餐桌和功夫床兩種變化。

完成尺寸｜高 22× 長 62× 寬 20cm

所需工具｜線鋸機、木工剉刀、木工夾、電鑽、木釘、磨砂紙、
塗料、木工保護漆

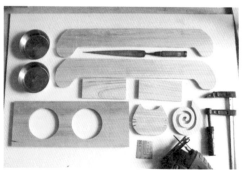

5 尾巴和頭部同為圓形,可畫在同一木板上
以線鋸機裁出。

6 完成所有木板外形輪廓形狀。

7 尾巴的接合處,用電鑽鑽出2公分深小
孔。

8 同樣在頭部下方中央,鑽出小孔,與頭尾
接合的木板亦同樣先鑽孔。

9 ──以木工膠接合,先完成木框部分,長
邊處量好距離黏上細木條。

TIPS

若不想鑽孔,亦可直
將將木工膠塗於四週
與碗洞木板黏合。

HOW TO MAKE

10 身體與頭部則用木棒接榫以便靈活扭轉。

11 發揮創意幫貓貓身體上色。

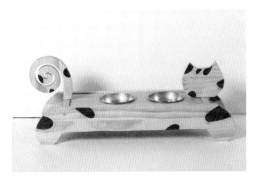

12 接上做好的碗洞木板,即完成可愛的貓貓餐桌。

13 以碗洞木板的尺寸,也可作貓抓板替換使用。

14 貓抓板的作法可參考 貓貓任意門 的步驟,以熱熔膠纏繞麻繩的方式完成喔!

05 貓睡窩
毛寶貝一暝大一吋的好所在

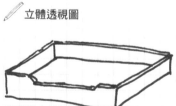

立體透視圖

素材＆尺寸

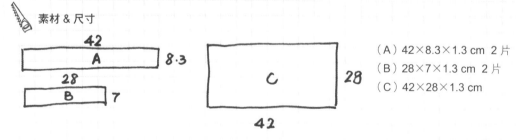

（A）42×8.3×1.3 cm 2 片
（B）28×7×1.3 cm 2 片
（C）42×28×1.3 cm

HOW TO MAKE

1 依尺寸準備好四塊長條木板及主體木板，及四個扁圓木板片。

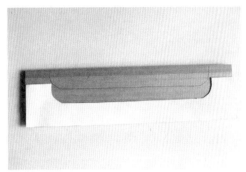

2 取其中一條長木條以紙模在上描出弧線，準備製作正前方造型床邊。

3 以木工夾將木板固定，沿鉛筆線裁出造型床邊。

4 以木工膠將主體木板四週以長木條黏合。

5 以木工夾鎖緊固定四週直至膠水乾透為止。

 TIPS

貓咪睡覺時會伸展、扭動，因此睡窩四邊一定要徹底黏合穩固，也可打入細鐵釘加強固定。

HOW TO MAKE

6 以鉛筆點描出洞孔位置，在接合處鑽入約 2 公分深洞孔。

7 沾取木工膠將木釘打入孔洞中。

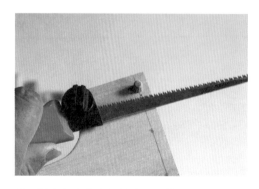

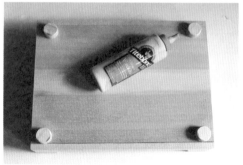

8 削去多出的木釘並磨平，其它接合處同樣 釘入木釘固定。

9 底部四角用木工膠固定，即完成作品。

完成尺寸 │ 高 8.3× 長 48× 寬 28cm

所需工具 │ 線鋸機、木工剉刀、木工夾、磨砂紙、木工膠

* 小貓柄實際尺寸紙樣請見 112 頁

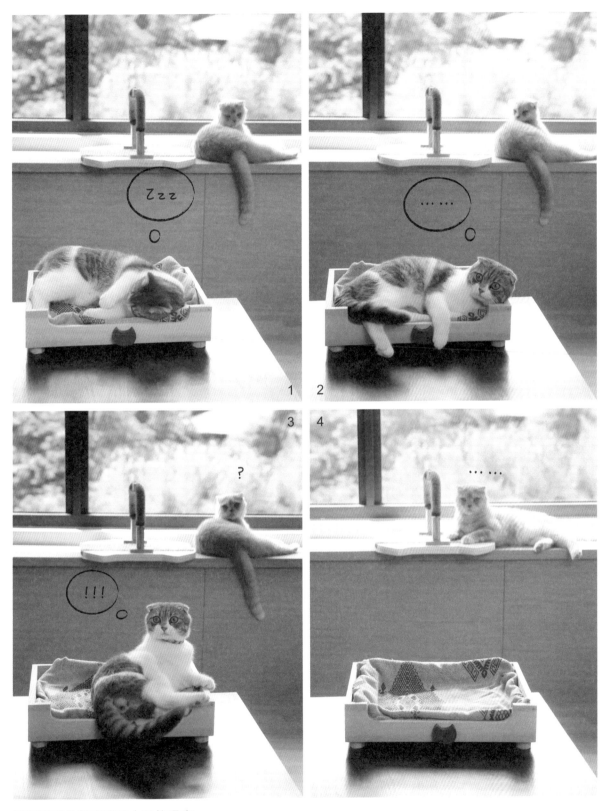

不得安睡的驚奇喵星人四格漫畫

把貓咪姿態，

鎖進日常的紋理中

何妨用手感，
找回最單純的喜歡，
透過拙木的自然底蘊，
詮釋最心愛的貓式表情，
重新爬梳生活中的美好。

收納每一刻的精彩

01　三層掛架

牆壁上的尾巴捲捲

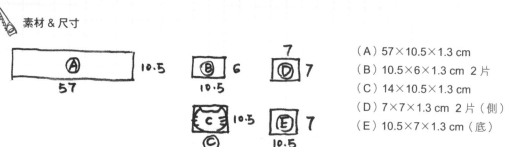

✏️ 立體透視圖

🪚 素材 & 尺寸

（A）57×10.5×1.3 cm
（B）10.5×6×1.3 cm　2 片
（C）14×10.5×1.3 cm
（D）7×7×1.3 cm　2 片（側）
（E）10.5×7×1.3 cm（底）

HOW TO MAKE

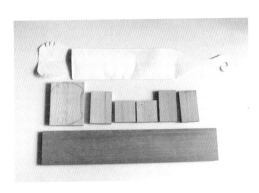

1 依尺寸準備好所需層架木板及主體木板。

2 以紙模在上描出尾巴弧線。

3 使用圓穴鑽在尾巴中央處鑽出孔洞。

4 從尾巴末端出使用線鋸機沿鉛筆線裁切。

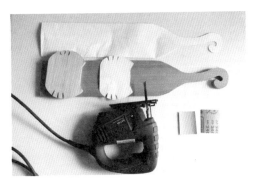

5 同樣以紙模描出貓臉並裁切出實體，再用砂紙將兩片主要木板磨至平滑。

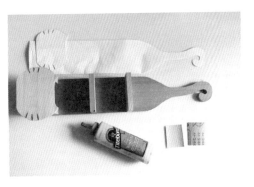

6 以木工膠一一將層板木片接合，以木工夾固定，待膠乾透後即完成作品。

完成尺寸 | 高 59× 長 10.5× 寬 14cm

所需工具 | 線鋸機、木工剉刀、木工夾、圓穴鑽、磨砂紙、木工膠

* 貓臉實際尺寸紙樣請見 115 頁

02　小貓掛架

為包包找個家

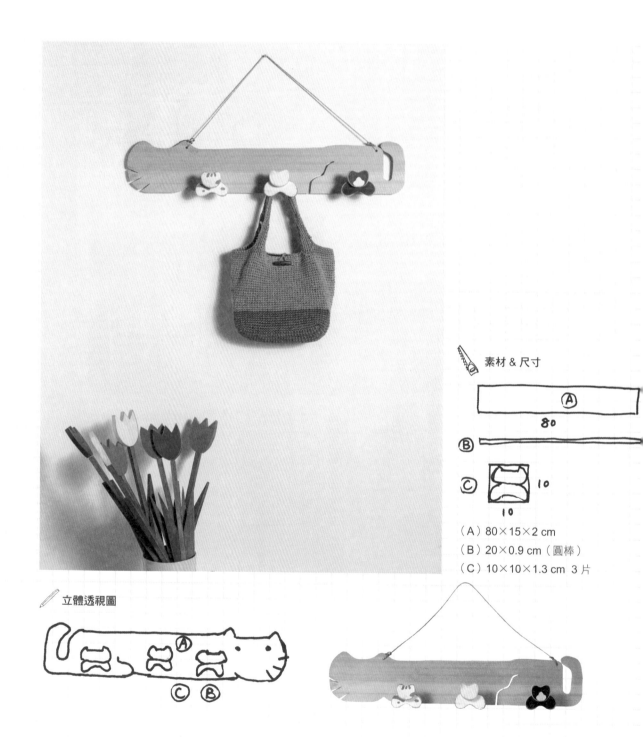

素材＆尺寸

Ⓐ

80

Ⓑ

Ⓒ 　10

10

（A）80×15×2 cm

（B）20×0.9 cm（圓棒）

（C）10×10×1.3 cm　3 片

立體透視圖

Ⓒ Ⓑ Ⓐ

HOW TO MAKE

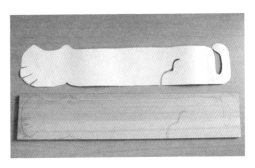

1 剪裁好設計的紙模，用鉛筆在主體木板上畫出輪廓線。

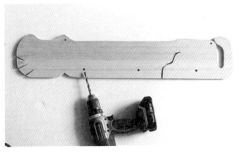

2 確認好垂吊線洞口位置以及下方三個掛勾位置，進行鑽洞。

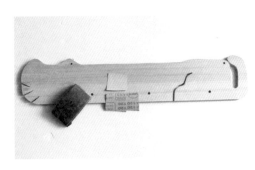

3 完成了吊掛架主體的輪廓，以磨砂紙將表面磨至平滑。

4 依模型裁出小貓臉與貓身。以壓克力顏料彩繪自己喜歡的圖形。

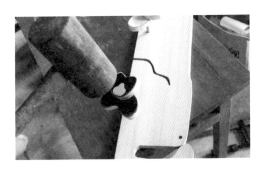

5 以鉛筆在貓頭與貓身處點描出洞孔位置，卡入木棒完成造型掛勾。

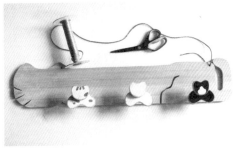

6 以鉛筆在貓頭與貓身處點描出洞孔位置，卡入木棒完成造型掛勾。

完成尺寸 | 長 15× 寬 80cm

所需工具 | 線鋸機、電鑽、磨砂紙、手動打磨機、木錘、壓克力顏料、掛繩

* 貓貓掛耳實際尺寸紙樣請見 115 頁

03　黑貓書擋

有喵作伴的閱讀小時光

立體透視圖

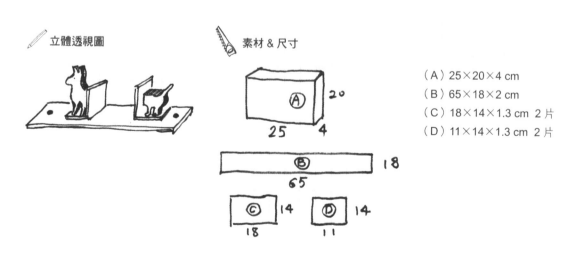

素材＆尺寸

（A）25×20×4 cm
（B）65×18×2 cm
（C）18×14×1.3 cm　2 片
（D）11×14×1.3 cm　2 片

HOW TO MAKE

1 依尺寸準備好木板，底座木板 B 左右點描
距離以圓鑽穴鑽出凹槽，木板 C、D 中央
挖出凹槽。

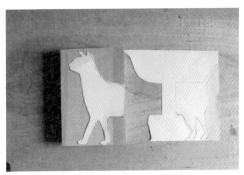

2 依紙模在 A 木板上描出貓的身型線條。

3 用線鋸沿線條裁出貓身形。

4 左右貓身裁切完成，表面以砂紙磨至平
滑。

4 以左右貓身裁切完成，表面以砂紙磨至平
滑。

TIPS

底座孔洞可以視需要
增加或減少，讓收納
量更彈性應用。

完成尺寸｜高 22× 長 25× 寬 10cm

所需工具｜線鋸機、圓穴鑽、折疊鋸、手工銼刀、電鑽、電動螺絲起子、螺絲、針筆、活頁

* 貓貓掛耳實際尺寸紙樣請見 116、117 頁

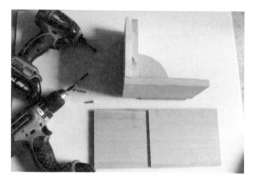

5 以直角器輔助將 CD 兩片木板 90 度黏合，

6 長邊木板 C 連接貓腰身，中央鑽 2 顆螺絲固定。

7 短邊木板 D 用圓穴鑽鑽出孔洞。

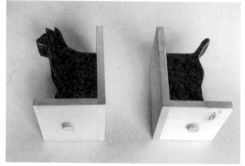

8 下方再以木圓棒嵌入成為接結書擋木板的卡榫，即完成作品。

04　面紙收納盒

吐面紙的外星貓

✏️ 立體透視圖　　　🪚 素材＆尺寸

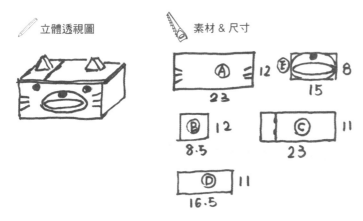

（A）23×12×1.3 cm　2 片
（B）8.5×12×1.3 cm　2 片
（C）23×11×1.3 cm
（D）16.5×11×1.3 cm
（E）15×8×1.3 cm

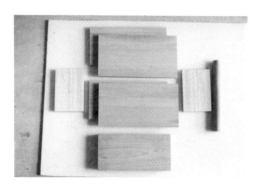

1 依尺寸準備好主體木板。

2 取其中一片木板 A1 描出眼睛、口鼻位置，取木板 E 以銼刀修成橢圓。

3 眼睛、臉頰鬍鬚、鼻子陸續製作。

4 有眼睛鬍鬚的木板 A1 與 E 相黏合，共同裁切出口形作為面紙開口。

TIPS

臉部與口鼻部的木板先行黏合後，再一併鋸出開口，能讓線條更齊整喔！

完成尺寸 │ 長 15× 寬 80cm

所需工具 │ 線鋸機、圓穴鑽、折疊鋸、電鑽、
電動螺絲起子、螺絲、木工漆

HOW TO MAKE

5　保留 B1 上蓋，其它木板則一一接合成盒形。

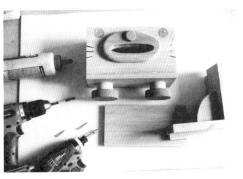

6　取用不同深淺色的木料材質，大小圓餅相黏接作成腳，再將雙腳與貓身黏接。

7　上蓋左邊 4 公分處平切，將上蓋分為左右兩塊，進行活頁接合。

8　準將活頁零件置於兩片木板交界處，以鉛筆訂出鑽孔位置。

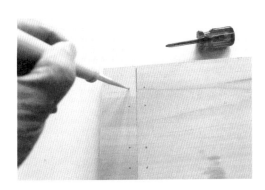

9　接著以針筆在每個描點上刺出小孔準備鑽洞。

TIPS

使用電鑽鑽洞前先以針筆刺出孔洞，能避免電鑽刺裂或鑽歪喔！

10 剛訂出的位置以細電鑽鑽出四孔。

11 用電動螺絲起子將鑽入螺絲固定活頁，
完成了可掀動的上蓋。

12 上蓋左邊與主體盒形上端黏合，完成整
體造型。

13 發揮自己的想像力與創造力，為面紙盒
創造出不同的手部動作，也能有不同樂
趣。

TIPS

將砂紙捲在細圓棒
上，就可將開口內的
邊緣打磨至平滑。

？？請問你來自哪個外太空…

05　貓提籃

小巧可愛用途廣泛的居家貓收納

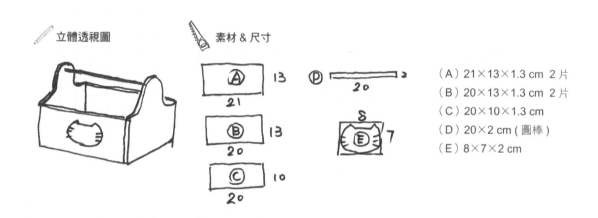

立體透視圖

素材＆尺寸

（A）21×13×1.3 cm 2 片
（B）20×13×1.3 cm 2 片
（C）20×10×1.3 cm
（D）20×2 cm（圓棒）
（E）8×7×2 cm

HOW TO MAKE

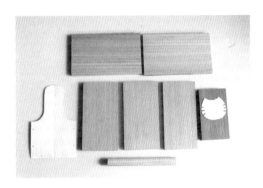

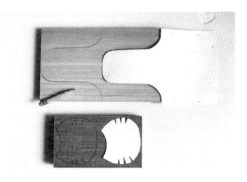

1 依尺寸準備好木板及紙模，另一塊深色木板材跳色使用。

2 取兩側木板及跳色木板，以鉛筆輕描需要裁出的弧度。

3 以線鋸機依鉛筆線裁出所需的部分。

4 以手動打磨機平刷使表面平滑，貓臉可用刻磨機作倒角修圓處理。

TIPS

木釘沾取少許木工膠將能讓提籃更為牢固喔！

完成尺寸｜高 13× 長 20× 寬 15cm

所需工具｜線鋸機、手動打磨機、折疊鋸、電鑽、木釘、木槌、木工膠、砂紙

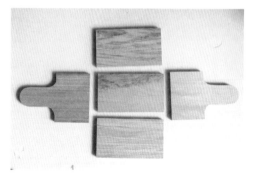

5　完成所需木塊，接下來進行組裝。

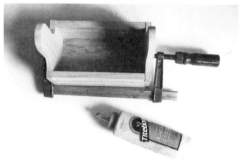

6　以木工膠接合組成提籃外形待乾。

7　在兩側接合邊緣以鉛筆描出鑽洞位置。

8　鑽入孔洞（深約1公分）。

9　敲入木釘使邊緣咬合更緊密。

TIPS

如果只想作為擺飾，不打算裝載太重的物品，其實以木工膠固定即可。

HOW TO MAKE

10 切掉多餘的木釘，再以砂紙細磨使表面更為平滑。

11 接下來是提拿把手，取適度長的木棍，以木工膠卡入並黏合。

12 重覆步驟 7~10 的做法，同樣在把手兩側以木釘鑽入固定。

13 兩側黏上先前作好的小貓頭造型，即完成作品。

06　小貓工具箱

拼接堆疊好好玩

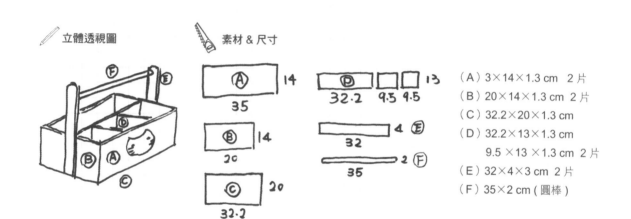

✏️ 立體透視圖　　🪚 素材&尺寸

（A）3×14×1.3 cm　2片
（B）20×14×1.3 cm　2片
（C）32.2×20×1.3 cm
（D）32.2×13×1.3 cm
　　　9.5×13×1.3 cm　2片
（E）32×4×3 cm　2片
（F）35×2 cm（圓棒）

HOW TO MAKE

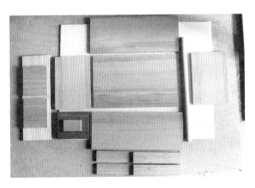

1 需要組裝的木材原件較多,請先依數量準備好所有素材。

2 以線鋸、刻磨機先處理弧線部分的貓臉與口鼻,並將木棍切至需要的長度。

3 以圓穴鑽先鑽出眼睛造型,再繪上眼睛;口鼻亦可參考【眼鏡手機架】的作法作出。

4 以木工膠將臉與口鼻黏合,完成貓臉造型。

TIPS

口鼻處無論是橄欖球型橢圓,或是饅頭型的上橢圓,都能創造不同表情的貓咪臉。

完成尺寸 | 高 32× 長 38× 寬 20cm

所需工具 | 線鋸機、刻磨機、圓穴鑽、電鑽、木釘、木槌、木工膠、木工夾、砂紙

5 將貓臉以木工膠固定於主體木板中央,直至膠水乾透為止。

6 取四個長條木條,取其中兩條依長度裁切。

7 一長一短為一組,對齊後上膠黏合。

8 前端以圓鑽穴將兩側鑽孔,並以銼刀修至圓弧,共做兩組。

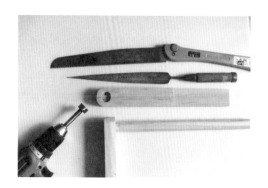

9 以圓鑽穴將兩側鑽孔,再將圓棍兩端沾少許木工膠卡入兩邊,完成提把上端。

 TIPS

籃內分隔板可視需要決定擺放位置喔!

HOW TO MAKE

10 組裝籃內分隔板，接合處上膠固定待乾，外圍部分用角度器輔助，以標準直角接合，完成籃子部分。

11 將剛做好的提把上木工膠嵌入籃子兩邊。

12 若想加強工具箱的耐重度，可待兩側木工膠乾透後，先以鉛筆描點定位，再以電鑽鑽出螺絲孔洞。

13 ──將兩側孔洞鎖入螺絲，即完成作品。

07 黑貓信箱

Hello! I am mail box kitty~

素材 & 尺寸

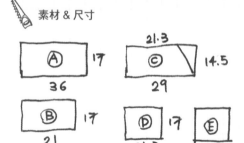

（A）36×17×1.3 cm　2 片
（B）21×17×1.3 cm　2 片
（C）29×14.5×1.3 cm
（D）21.3×17×1.3 cm
（E）14.5×14.4×1.3 cm

HOW TO MAKE

1 依尺寸準備好各式大小的木板。

2 以紙模在上描出耳朵頭型,準備製作造型木板。

3 由於信箱以上端「斜式」方式呈現,所以運用角度器切出 60 度角的木板。

4 所以裁切好的素材重新整理一次。

TIPS

耳朵裁成圓的也有不同的效果,可發揮創意玩玩看!

完成尺寸 | 高 36× 長 17× 寬 15cm

所需工具 | 線鋸機、角度器、折疊鋸、電鑽、木工膠、電動螺絲起子、螺絲釘、壓克力顏料(黑色)、活頁、砂紙

5 ——將木片以角度器拼接組裝起來。

6 箱體邊緣接合處鑽入洞孔,嵌入木釘後磨至表面平滑完成箱體。

7 備好活頁金屬,以及同樣寬度,一短一長木板。

8 木板排好,上方擺上活頁,以鉛筆點描出定位點。

TIPS

活頁完成後,可先開闔幾次,測試活頁的流暢度,如果不好開闔可能是活頁鐵片沒有對齊縫隙,需重新調整。

HOW TO MAKE

9 以細鑽尾鑽出活頁固定點的螺絲洞。

10 使用電動螺絲起子將活頁固定。

11 完成信箱上蓋,以鉛筆畫出圓弧,預備上色。

12 依線塗出色彩畫出貓頭造型,完成作品。

TIPS

信箱箱體也可發揮巧思刻出自己喜歡的圖案。

發揮想像

創造屬於自己的貓咪小創意。

上完了 Lesson1 至 3
我們學會了簡單的裁切、拼接與重組，
不妨現學現賣，
運用基礎的木工技法實踐自己的創意吧！
小小貓超人與貓力士都會是你最佳應援團。

喵 星 人 木 工 小 創 意

01 神力貓超人

咻～ I am SUPER CAT!!!

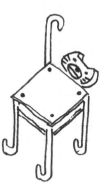

立體透視圖

 素材＆尺寸

（A）14×14×1.3 cm　3 片
（B）16×4 × cm　4 片
（C）8×7×4 cm
（D）5×2.5 x 2 cm
（E）20×1.8 cm（圓棒）

HOW TO MAKE

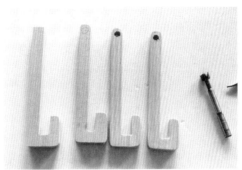

1 依尺寸準備好各式大小的木板，以鉛筆描
繪需裁切的初步形狀。

2 四肢頂端以圓穴鑽鑽孔，再磨圓。

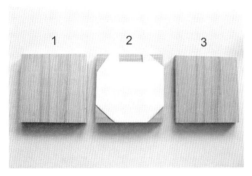

3 三片貓身木板依序排列 1、2、3，取第 2
片將四角裁掉，上方裁出如圖扁方凹槽。

4 第 1、3 片堆疊固定，在四角鑽孔。

 TIPS

貓身兩片四方木板一
定要堆疊起來鑽孔，
後續才能順利安插圓
棒喔！

完成尺寸 ｜最長 46× 最寬 50cm

所需工具 ｜線鋸機、圓穴鑽、折疊鋸、電鑽、木工膠、
　　　　　　木釘、木錘、砂紙

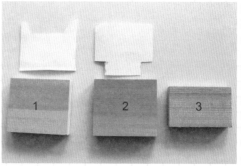

5 　貓身前中後依 1、2、3 序列排好，進行黏合。

6 　對齊孔洞，將貓超人四肢卡入貓身四角。備好的小圓棒以木槌打入貓身四角孔洞中。

7 　接合完成後，以砂紙將表面磨至平滑，並確認四肢的活動性。

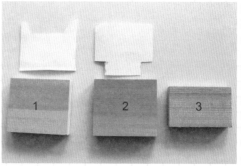

8 　取出頭部三片木板，依後、中、前排列出 1、2、3 順序。

TIPS

第 2 片貓臉木板下方凸出的榫接尺寸要剛好與貓身第 2 片凹下的地方相合喔！

HOW TO MAKE

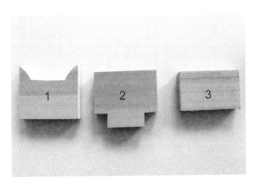

9　依紙模裁切出後耳、中卡榫與前面臉部大小木板。

10　3 片貓臉木板一同黏合，眼口鼻部比照【眼鏡手機架】的步驟製作完成。

11　將步驟 7 完成的身體與步驟 9 完成的頭部榫接。

12　作品完成，身體部也可依創意發揮，做出不同的裝飾喔！

 TIPS

試試四肢部位是否能靈活轉動，如不「輪轉」可將圓棒再磨細些。

02　大力貓水手

請賜予我神奇的力量！

✏️ 立體透視圖　　🪚 素材＆尺寸

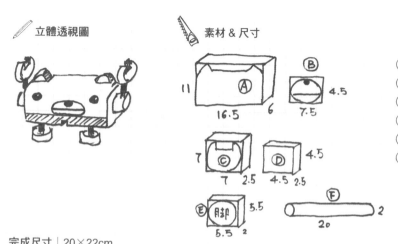

（A）16.5×11×6 cm
（B）7.5×4.5×1.3 cm　2 片
（C）7×7×2.5 cm　2 片
（D）4.5×4.5×2.5 cm　2 片
（E）5.5×5.5×2 cm
（F）20×2 cm（圓棒）

完成尺寸｜20×22cm

所需工具｜線鋸機、圓穴鑽、折疊鋸、電鑽、木工膠、木釘、木錘、砂紙

104

HOW TO MAKE

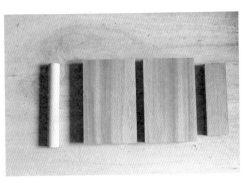

1 依尺寸準備好各式大小的木板。

2 主體木板切出耳朵輪廓、另一片製作眼睛，兩片木板黏合，邊緣磨出平滑弧型。

3 參考【眼鏡手機架】步驟製作口鼻，與貓臉黏合。

4 先以膠帶訂出下方褲頭位置，上色，顏料乾後即可撕除膠帶。

5 兩側用電鑽鑽出 2 公分深孔洞、下端以圓穴鑽鑽出 1 公分深度凹槽。

6 下方中央以手鋸鋸出兩道平行線，再以鑿子鑿出胯下造型。

7 裁出 A、B、C 三對扁圓型，A 組扁圓依圖在上方裁出手部造型。

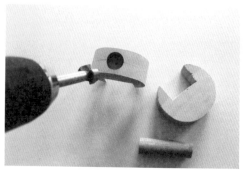

8 B 組扁圓中央鑽孔卡入木棒，A、B 中間置圓棒黏合，C 與圓棒黏合。

9 左右兩手榫接好後，進行腳部的組接排列如圖。

10 將作好的手腳卡上木棒，嵌入身體兩側與腳部，完成作品。

 TIPS

保持手部旋轉自如，卡入的圓棒不需上膠；腿部則可上膠卡入讓下盤更穩固喔！

喵星人手作木工原寸紙樣

只要將紙樣影印裁剪，就能快速做出麥子老師的木工作品喔！

喵喵杯墊／手機面板架／托盤貓臉造型／提籃貓臉造型／
貓夜燈／三層掛架／貓掛架／貓書擋

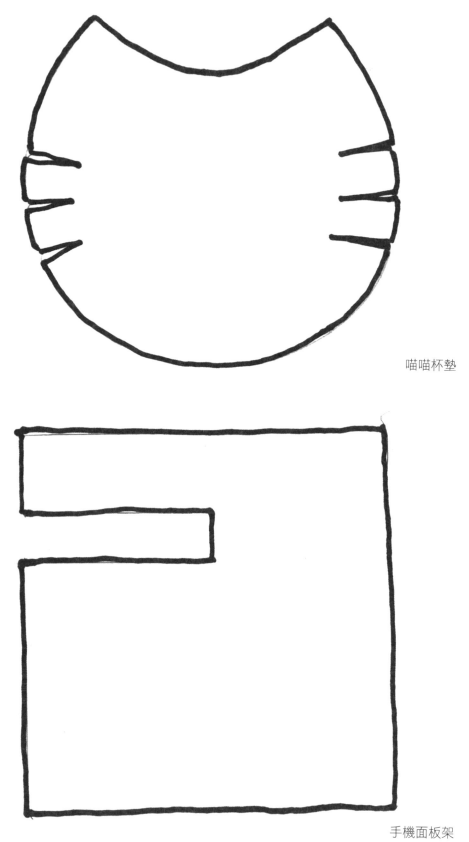

喵喵杯墊

手機面板架

手機面板架

托盤貓臉

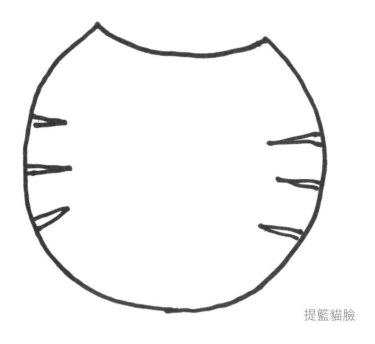

提籃貓臉

桌上層架與手腳

夜燈

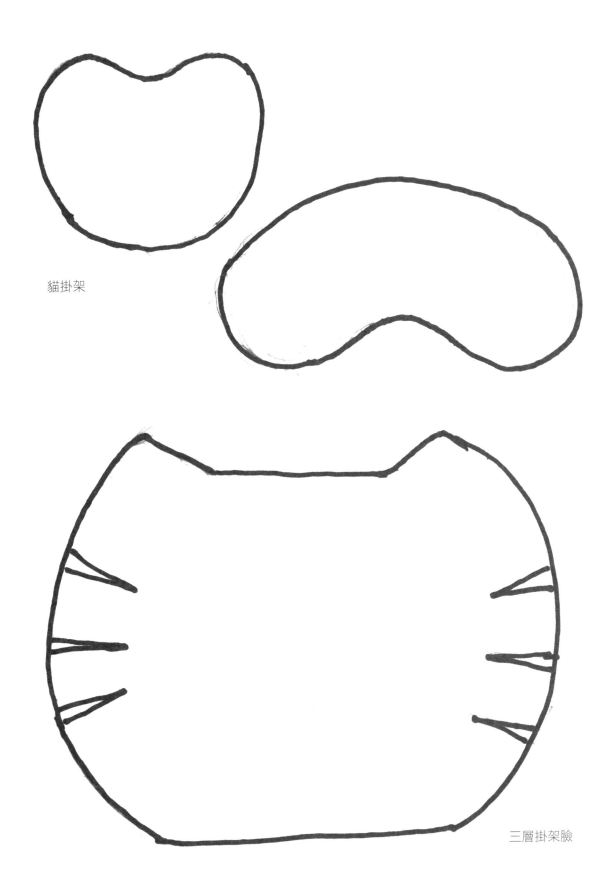

貓掛架

三層掛架臉

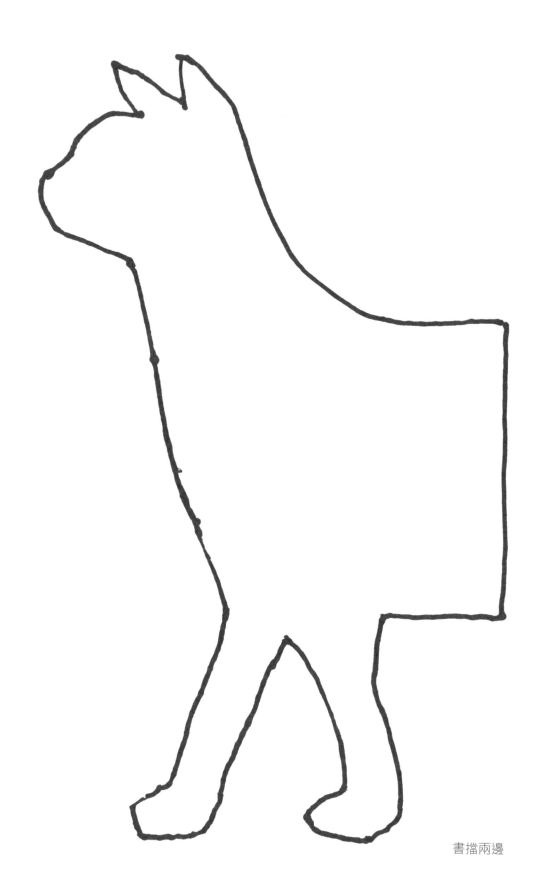

書擋兩邊

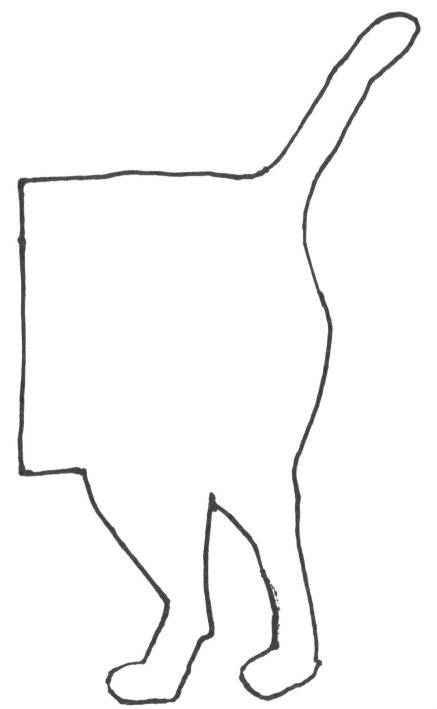

書擋兩邊

國家圖書館出版品預行編目 (CIP) 資料

喵星人木工 DIY 小日子：居家雜貨 X 貓周邊 一學
就會的手感練習 / 姜治榮著 . -- 一版 . -- 臺北市：
麥浩斯出版：家庭傳媒城邦分公司發行 , 2017.07
面； 公分 . -- (Solution ; 98)
ISBN 978-986-408-295-7(平裝)
1. 木工 2. 工藝設計

474   106009453

Solution 98

喵星人木工 DIY 小日子：居家雜貨 X 貓周邊 一學就會的手感練習

作   者｜ 姜治榮
文字編輯｜ 施文珍
封面設計｜ FE 設計葉馥儀
美術設計｜ FE 設計葉馥儀、詹淑娟
行   銷｜ 呂睿穎
攝   影｜ 江建勳、Amily、柯子涵

發 行 人｜ 何飛鵬
總 經 理｜ 李淑霞
社   長｜ 林孟葦
總 編 輯｜ 張麗寶
叢書主編｜ 楊宜倩
叢書副主編｜ 許嘉芬

出   版｜ 城邦文化事業股份有限公司 麥浩斯出版
地   址｜ 104 台北市中山區民生東路二段 141 號 8 樓
電   話｜ 02-2500-7578
E-mail｜ cs@myhomelife.com.tw
發   行｜ 英屬蓋曼群島商家庭傳媒股份有限公司城邦分公司
地   址｜ 104 台北市民生東路二段 141 號 2 樓
讀者服務專線｜ 0800-020-299
讀者服務傳真｜ 02-2517-0999
E m a i l｜ service@cite.com.tw
劃撥帳號｜ 1983-3516
劃撥戶名｜ 英屬蓋曼群島商家庭傳媒股份有限公司城邦分公司
香港發行｜ 城邦 (香港) 出版集團有限公司
地   址｜ 香港灣仔駱克道 193 號東超商業中心 1 樓
電   話｜ 852-2508-6231
傳   真｜ 852-2578-9337
電子信箱｜ hkcite@biznetvigator.com
馬新發行｜ 城邦 (馬新) 出版集團 Cite (M) Sdn Bhd
地   址｜ 41, Jalan Radin Anum, Bandar Baru Sri Petaling,
            57000 Kuala Lumpur, Malaysia.
電   話｜ 603-9057-8822
傳   真｜ 603-9057-6622
總 經 銷｜ 聯合發行股份有限公司
電   話｜ 02-2917-8022
傳   真｜ 02-2915-6275
製版印刷｜ 凱林彩印股份有限公司
版   次｜ 2017 年 7 月一版一刷
定   價｜ 新台幣 380 元整
Printed in Taiwan

Solution book **系列**

喵星人 木工DIY小日子

個人資訊

姓　　名：_____　□女 □男

年　　齡：□ 22 歲以下　□ 23 ～ 30 歲　□ 31 ～ 40 歲　□ 40 ～ 50 歲　□ 51 歲以上

通訊地址：□□□－□□ _____

連絡電話：日 _____　夜 _____手機 _____

電子信箱：_____

□同意 □不同意　收到麥浩斯出版社活動電子報

學　　歷：□國中以下 □高中職 □大專院校 □研究所

職　　業：□設計師 □設計相關產業人員 □媒體傳播 □軍公教人員 □家管／自由

□醫療保健 □服務／仲介 □教育文化 □學生 □其他_____

請問您從何處得知本書？

□網路書店 □實體書店 □部落格 □ Facebook □親友介紹 □網站 □其它_____

請問您從何處購得此書？

□網路書店 □實體書店 □量販店 □其它_____

請您購買本書的原因為？

□主題符合需求 □封面吸引力 □內容豐富度 □其它_____

請問您對本書的評價？（請填代碼：1. 尚待改進→ 2. 普通→ 3. 滿意→ 4. 非常滿意）

書名___封面設計___內頁編排___印刷品質___內容___整體評價___

請問您對本書的建議是？

_____

_____

_____

10483
台北市中山區民生東路二段141號8樓
漂亮家居 麥浩斯 #3395 收

請將此頁撕下對折寄回

書名：喵星人 木工DIY小日子

寄回函抽
喵星人手機面板架

2017年11月30日前（以郵戳為憑），
寄回本折頁讀者回函卡。

2017年12月15日抽出3位幸運讀者。

活動備註：
1.請務必填妥：姓名、電話、地址及E-mail。
2.得獎名單於2017年12月15日公告於
  漂亮家居好生活粉絲團
  https://www.facebook.com/myhomelife/。
3.獎品僅限寄送台灣地區，獎品不得兌現。
4.麥浩斯出版社擁有本活動最終解釋權，如有未竟事宜，
  以漂亮家居愛生活粉絲團公告為主。

漂亮家居好生活
粉絲團